百变博士趣味科学全书10

HUO

hui mie he chuang zao de li liang

—毁灭和创造的力量—

作　者：成惠淑
插　图：朱顺桥
审阅者：崔平顺

APTIME
时代出版

时代出版传媒股份有限公司
安徽教育出版社

火是人们生活中非常重要的组成部分。
人们利用火烹制食物、驱走寒冷、制作物品、照亮黑暗。

假如火从人们生活中消失，或是人们再也
无法利用火时，世界将会变成什么样呢？

冬天将变得更加漫长、更加寒冷。

冬天降临时，人们会生起暖炉取暖。
但是，暖炉需要有火的存在才会发挥作用，
暖炉就是靠火焰发出热量的。
这时，也许有人会问，用电暖炉不行吗？当然可以。
但是，世界上大部分的发电设施都是靠火焰的力量才能运作的！
如果没有火，冬天也许会变成下面的样子。

日常生活中，人们只能使用木头和石头制作物品

人们需要的各种生活用品都需要用火来制作。
如果没有火的话，玻璃和金属就无法熔化，也就无法制作出生活所需的各种物品。
人们也许还会像石器时代那样利用石头工具生存。
而且汽车、飞机等交通工具也不会出现。
人们的生活可能会变成这样。

垃圾会像山一样被堆积起来。

很长时间以来，人们处理垃圾的主要方式就是火烧。
利用火烧的方法，大量的垃圾才会减少。
如果没有火，世界上的垃圾也就不能被及时处理，就会堆积
得越来越高。
人类制造垃圾的能力令人咋舌。天长日久，地球就会变成一
个巨大的垃圾场。
假如没有火，也许地球就会变成下面的样子。

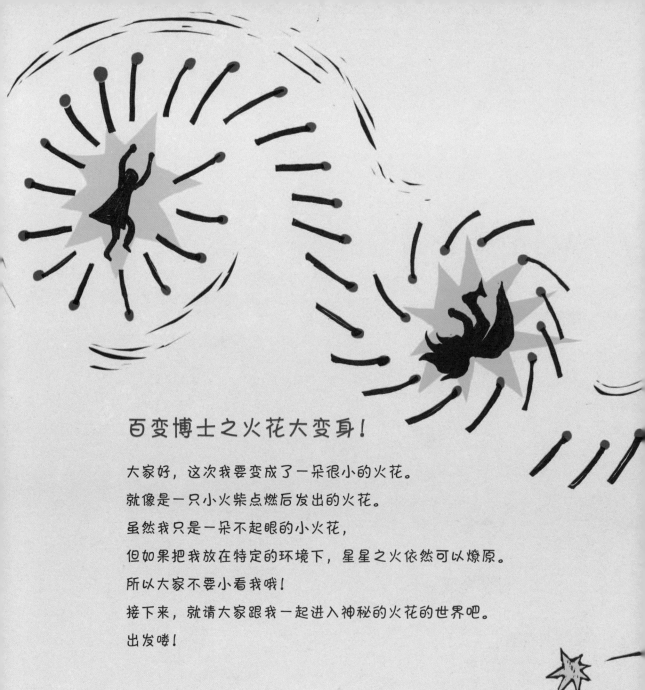

百变博士之火花大变身！

大家好，这次我要变成了一朵很小的火花。

就像是一只小火柴点燃后发出的火花。

虽然我只是一朵不起眼的小火花，

但如果把我放在特定的环境下，星星之火依然可以燎原。

所以大家不要小看我哦！

接下来，就请大家跟我一起进入神秘的火花的世界吧。

出发喽！

目录

火的本质是什么？

16-自然之火

21-火是万物之源吗?

26-火不是物质，而是一种现象

30-火是光和热

制造火焰的三个朋友

38-呼吸所需的氧气

44-易燃物质

48-比燃点更高的温度

56-掌控火的方法

火燃烧时的模样

65-火焰生成的过程

71-火焰的模样

76-火的温度和颜色

82-起火之后

火的职责

86-烧制陶器

92-熔化金属的火

96-爆炸中的火

104-制造能源的火

110-结束语

112-小小百科

114-审阅者语

火的本质是什么？

火焰燃烧时会发出光和热，帮助人们完成日常生活中的各种活动。

但因为火焰没有固定的形状，没有重量，抓不到也摸不着，悄悄而来，悄悄而去，所以，了解火的本质是很困难的。

那么，火究竟是什么呢？人们又是怎样发现火的本质的呢？

自然之火

　　现在，我要带大家去一个神秘的世界旅行了。我想，聪明的小朋友们已经猜出来了吧！没错，就是那个美丽而危险的火花世界。世界上存在着无数的像我这样的小火花。虽然它们在刚产生时都非常微小，但却时刻准备着以非常快的速度去燎原呢。

　　火焰存在于世界的各个角落，只要有特定的环境，火焰就能蔓延到任何地方。但在众多火焰之中，只有我才会讲话，所以我也就幸运地成为了大家在火花世界的领航员。好了，话不多说，我们赶快进入正题吧！

　　大家想一想，在什么时候会见到火呢？正在烧饭的煤气灶上，或是生日蛋糕上燃烧着的蜡烛上。现代的人们已经能够熟练地使用火，所以火也就变得很常见了。

　　但是，人们并不是从一开始就可以随意使用火的。人类存在于地球上的历史虽然已经超过了500万年，但人们使用火的历史还不到100万年。在人类出现的早期，人们并不知道应该如何使用火，甚至还非常畏惧火。那时，除了在火山喷发，或是雷电击中的地方会自然产生火之外，人们几乎见不到火焰。而且，在发生森林大火时，森林会被焚烧殆尽，无数的生命也会随之灰飞烟灭，所以，人们一直对火存在着畏惧的心理。

在远古时期，几乎所有的动物在见到火焰时都会惊慌逃走。但在人类初具智慧之后，尽管见到火焰时会高呼"怪物来了"，然而却没有逃走。而是将石块投入火中，或是用木棒敲击火焰。从那时起，人们与火焰的距离便拉进了一步。

快滚开，
讨厌的火！

人类总是对新鲜事物感到好奇，在畏惧火焰的同时，也开始渐渐对火焰产生了兴趣。在好奇心和观察力的双重作用下，人类终于学会了使用和掌控火焰。

　　远古时代在向文明时代推进之初，人类成为了使用火焰的唯一生物，但也仅仅是使用。那时的人类虽然能够使用火焰，但却没有找到生火的方法。因此，人类在开始使用火焰的数十万年间，也只是单纯地使用了自然之力产生的火焰而已。人类虽然找到了各种能将火种保存下来的方法，但却依然不知道该如何制造火焰。

　　在古希腊时代，人们一直认为火是神赐予的礼物。普罗米修斯违背宙斯将火焰带到人间，因此人类才能够使用火焰。
　　虽然这只是神话故事，但足以证明火焰在当时有着神一般的地位。

云层之间，或是云层与大地之间有大量的电子活动时，就会闪出火花，也就是雷电。高处的树木遭受电击之后就可能起火。

地球内部的温度非常高，甚至可以达到太阳表面的温度。地球内部的岩石被高温熔化后形成熔岩。大地断裂时，熔岩从大地板块的缝隙中喷出后，就形成了火山喷发，火山喷发产生的火焰不断蔓延，附近的森林被点燃，最终形成了森林大火。

生火的确不是一件容易的事，所以人们在最初使用火焰时，只是将自然产生的火种小心翼翼地保存下来，尽量使它不停地燃烧而不熄灭。在50万年的岁月过去之后，人类慢慢发现，在石头碰撞时也可以产生火花，因此才想出了生火的方法。

如今，我们拥有火柴和打火机这样的生火工具，可以随时随地使用火焰，但我们却不能否认生火的确是一件非常伟大的技术。用钻木取火或是用石头碰撞点火等方法并不太实用。因此，在300年前，保存火种的方法仍然非常重要。

火是万物之源吗？

火与人类共存了非常悠久的岁月。从没有任何文字记录的远古时代到现在的高科技时代，人们一直在利用火完成着生活中的各种活动。

在首次制造出火时，人们欢呼雀跃，但人们仍然认为火是神赐予人类的礼物。看着发出光芒和热量的神奇火焰，人们无不惊叹，因此，火的制作方法一直被视为魔法般的神圣。

那么，大家认为火是什么呢？不会像古人一样，也认为火是一种神奇的现象吧？大家有这样的想法也不足为奇，因为火本来就是难以理解的东西。就连科学家们为了弄清火的本质，都花费了漫长的岁月呢。

我们先一起去看看古代的科学家们对火有着什么样的看法吧。

现在，我们就要穿越到至今为止的2500多年前，也就是公元前500多年的古希腊时代。那时的希腊哲学家们，正在为到底什么才是构成万物的根本元素而争论不休。

在古希腊的哲学家中，有一位叫做赫拉克利特的哲学家认为火是构成万物的根本元素。他认为火在燃烧万物时可以产生各种各样的物质。但那时的赫拉克利特并没有通过实验找到相关的证据，而仅仅是将自己的所见所想综合成理论，并加以说明。

　　在那个认为万物都是神赐予的时代，关心和思考万物的构成绝对是让人吃惊的行为。虽然所有的古希腊哲学家的想法都是错误的，但我却非常喜欢尝试认识火焰的赫拉克利特的想法。

火焰从一开始作为人们畏惧的对象，到后来被想象成万物的根源，这不得不说是人类思想的一大进步。

　　在赫拉克利特这一想法提出的50年后，也就是公元前450年，希腊哲学家恩培德克里斯提出了物质是由水、火、土、空气四种元素构成的观点。恩培德克里斯认为，这四种元素在爱恋和憎恨的力量之下结合并分解，从而形成各种各样的物质。

恩培德克里斯对四元素中的火情有独钟。他在观察熊熊燃烧的火焰时，总有一种神奇的感觉。也正是因为如此，恩培德克里斯在意大利西西里岛的埃特纳火山中研究火焰时，不慎掉进了喷火口而意外身死。

　　虽然恩培德克里斯掉进火山喷火口的原因已经无法考证，但有些人认为恩培德克里斯是因为过度崇拜火，从而通过火变成了神。

　　恩培德克里斯的观点被亚里士多德继承发展。亚里士多德认为，水、火、土和空气四种元素根据不同的组合方式会产生不同种类的物质，也就是著名的四元素说。亚里士多德还提出，构成物质的四元素具有冷、热、干燥、潮湿四种特质，世界万物也是因为这四种特质组合而生成的。比如'热'和'干燥'组合就生成了火。

　　亚里士多德的四元素说可以解释生活中的各种现象，所以看起来非常有道理，以至于当时的人们完全认同了他的观点，在今后的2000年中也没有人提出反对意见。一个人的观点可以在这么长的岁月中被人们深信不疑，的确是很了不起的成就。

然而，亚里士多德的观点最终被证明是错误的。特别是"水与火是两种具有相反特性的物质"的观点是完全错误的。即使到了现在，依然有很多人保持着亚里士多德的这种错误观点。

虽然水是物质，但火却不是物质。

将火认为是一种物质是古人犯的最大的错误。从古希腊时代到中世纪期间，人们一直认为火是物质的一种。那么，火不是物质又是什么呢？要想了解火的本质，大家就继续听我说下去吧！

火不是物质，而是一种现象

　　火如果是物质，就应该有实体，但火并没有固定的形状，也没有质量。不能被手抓到，也不能放到容器中。而且，火总是突然出现，又突然消失。那么，火燃烧时到底是一种什么形态呢？

　　原本相信火是一种物质的人们在完全掌控了火焰的力量之后，开始对亚里士多德的观点提出反对意见。在工业革命开始的17世纪初，人们利用火的力量制造出了蒸汽机。

　　蒸汽机就是利用煤炭燃烧产生的热量将水煮沸产生蒸汽，再利用蒸汽的力量推动机械运作的装置。蒸汽机曾经是火车运行的主要动力供给装置。也正是有火在蒸汽机内部熊

熊燃烧，蒸汽机才能喷出源源不断的蒸汽。

　　人们利用火熔化钢铁制造出蒸汽机，再利用火支撑蒸汽机的运行，这足以说明人们对火的力量的兴趣正在逐渐增加。由于火不只是在日常生活中起到非常重要的作用，在工业方面也占有无法代替的地位，所以科学家们对火焰本质的研究不断地倾注心血。

　　在18世初，德国化学家斯塔尔首次提出火不是物质的想法。斯塔尔虽然认同亚里士多德的四元素说中的水、土、空气都是组成物质的根本元素，但却认为火并不是实际存在的物质，而是一种现象。

在过去的100万年中，人们从来没有认清火的本质。如今，终于有一位科学家认识到火的本质并不是物质。我们就如同见到了知己一样，内心激动得简直无法形容。

但想要通过一次研究就了解火的本质，是非常困难的事。斯塔尔同样也没有提出完全正确的理论，他认为火焰燃烧的必要条件就是物质中必须存在燃素。

斯塔尔认为，能够燃烧的物质全部都具有燃素，燃烧就是物质在失去燃素后变成另外一种更简单的形态。也就是说，物质中的燃素可以转换成火焰脱离物体，这就是**燃素说**。

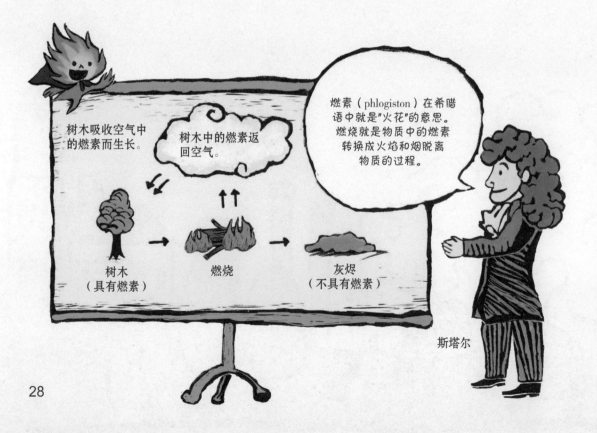

树木吸收空气中的燃素而生长。

树木中的燃素返回空气。

燃素（phlogiston）在希腊语中就是"火花"的意思。燃烧就是物质中的燃素转换成火焰和烟脱离物质的过程。

树木（具有燃素） → 燃烧 → 灰烬（不具有燃素）

斯塔尔

虽然斯塔尔的观点也是错误的，但在过去却是很有说服力的。比如说，木头燃烧后只剩下灰烬。灰烬比原来的木头轻了很多。这好像就是木头内部的燃素转变为火焰和烟后，脱离木头的原因。

燃素虽然能解释大部分物质燃烧的现象，但却无法解释金属燃烧的现象。通过实验证明，金属在燃烧时重量会明显增加。

灰烬失去了燃素，所以比原来的木头更轻。

好奇怪啊，金属失去了燃素为什么反而更重了呢？

斯塔尔的燃素说虽然是错误的，但却在那100年中用来解释各种科学现象。因为当时没有别的更好的办法来解释物质的燃烧现象了。

火是光和热

斯塔尔的燃素说在18世纪末期有着相当高的人气。许多科学家对斯塔尔的观点进行了更精密的更正和改良。就连发现氧气的英国科学家普利斯特莱也曾是这些科学家中的一员。

普利斯特莱是一位热衷于科学的牧师。他曾经不眠不休地进行着科学实验，曾一度被人们视为精神病牧师。

1774年8月1日，普利斯特莱用大型的凸透镜进行了阳光的聚集实验。他将实验室中的各种物质进行阳光的照射，并发现氧化汞会冒出一些气体。普利斯特莱满载兴奋地将那些气体收集起来，并进行了明确这些气体性质的实验。

但是，做完实验的普利斯特莱非常吃惊，他将一根点燃的蜡烛放入收集气体的瓶子中时，蜡烛的火苗燃烧得非常剧烈，这远远超过了普利斯特莱的想象。后来，普利斯特莱又在这种气体中进行了动物和植物的呼吸实验。

现在，小朋友们猜出来普利斯特莱在这次实验中发现了什么气体吗？

 没错，普利斯特莱发现的这种气体就是氧气。像我这样的小火花也会在遇到氧气时剧烈燃烧，当蜡烛遇到氧气时当然也会产生同样的结果。

 普利斯特莱通过实验发现了氧气这一功绩足以载入史册。氧气是火燃烧时所必需的气体，所以要想解释火就必须要先了解氧气。但是，普利斯特莱已经被斯塔尔的燃素说束缚了思维，自然也就无法正确解释出火焰燃烧的原理。普利斯特莱可以算得上是斯塔尔的忠实粉丝了。

真正发现燃烧本质的人是法国科学家拉瓦锡。拉瓦锡是那种只要对某种东西产生了兴趣，就一定要打破沙锅问到底的人。所以他可以称得上是科学家中的典范人物。

在一次偶然的机会中，拉瓦锡对亚里士多德的四元素说中将水持续加热就能转变为土的观点产生了疑问。所以，拉瓦锡就做了水是否会真的会变成土的实验。

从1768年10月24日到1769年2月1日为止的101天里，拉瓦锡一直持续进行这同一个实验，最终得出结论：水是不可能变成土的。

现在，有谁会相信"水能够变成土"这样愚不可及的观点呢？当然没有人会相信，那是因为我们现在生活在一个科学发达的时代。

在古代，由于科学不发达，相信这个观点的人还是非常多的。事实上，将碗中的水长时间地加热，碗的一部分就会掉落，形成粉末一样的沉淀，所以看起来就跟土一样。以至于拉瓦锡在最初也相信了这个观点，但在经过反复实验后，这个观点最终被推翻了。

后来，拉瓦锡对发现氧气的普利斯特莱的实验也产生了疑问。根据燃素说的理论，氧化汞经过加热后，内部的燃素就会脱离出来。那么，燃素消失后，留下的气体为什么依然能够支持燃烧呢？这不是很奇怪吗？拉瓦锡找到新的疑问后再次陷入了无休止的实验中。在经过无数次的实验后，终于证明了燃素说是错误的。

　　拉瓦锡发现，火焰燃烧其实是物质与空气中的氧气结合后产生的现象。也正是因为大科学家拉瓦锡的不懈努力，火的本质在1783年才大白于天下。

　　像这样，物质在与空气中的氧气结合后产生光和热的现象就叫做**燃烧**。物质与氧气结合后产生燃烧，燃烧可以放出光和热，也就是火焰。

火焰的本质就是燃烧时发出的光和热。

将物质持续加热时，在某个时刻物质就会与空气中的氧气结合并放出光和热。那就是火焰生成的那个时刻。

难道大家没有感到一些奇怪的地方吗？木头燃烧时与空气中的氧气结合后应该变重才对，为什么最后会变轻呢？那是因为像木头这种易燃物燃烧时，其中的物质与氧气结合，就会转换成肉眼看不到的气体飘散出去，所以燃烧过后的灰烬会变轻。

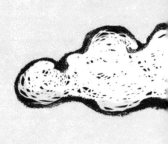

　　反之，像金属这样的非易燃物与空气中的氧气结合时，并不会转换成气体飘散出去，而是单纯地将氧气吸附过来，所以燃烧后的金属要比原来重。

　　金属被火烧时，表面就会熔化，那就是金属与氧气结合后的证据。

　　火焰要想旺盛的燃烧，就需要与生命体呼吸所必须的氧气相结合。火焰在物质与氧气结合后，就会立刻放出光和热。

　　火焰以物质为食物，以氧气为呼吸，在很短的时间内就会壮大身躯、照亮世界、温暖人间。

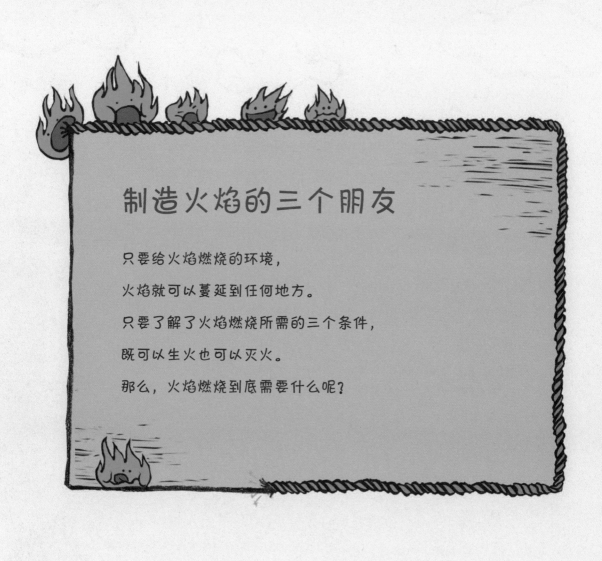

制造火焰的三个朋友

只要给火焰燃烧的环境，

火焰就可以蔓延到任何地方。

只要了解了火焰燃烧所需的三个条件，

既可以生火也可以灭火。

那么，火焰燃烧到底需要什么呢？

呼吸所需的氧气

火在过去的100万年中一直影响着人类的生活，但我们的存在却总是被人们忽视。可能是因为火从来都是悄悄地来，悄悄地去的原因。

虽然火看起来是突然产生的，是不需要任何支持就能产生的，但事实上并不是这样。火的产生是需要特定条件的。就像我能持续站在大家面前一样，我是需要三个朋友的帮助和支持才能持续存在的。那么，火的存在到底需要什么条件呢？

首先，火也是需要空气来呼吸的。

燃烧是物质与空气中的氧气结后产生的现象。所以燃烧必需的条件之一就是氧气。

换句话说就是，火的存在需要空气中的氧气，就像普利斯特莱实验中的那样，火焰要想发出光和热就必须有氧气的支持。所以，在揭晓火的本质的过程中，氧气的发现是非常重要的一个环节。

在有风的时候，火会显得更旺，这是因为风会为火输送大量氧气的缘故。风可以使物质和更多的氧气相遇，所以燃烧也就变得更加剧烈。燃烧更剧烈，发出的光和热也就更多。如果没有氧气，燃烧就不会发生，火焰也就会熄灭。也就是说，氧气存在与否决定着火焰的产生和消失。

　　古时候，人们通过长期的劳动生活得出了很多的经验。在古时候的铁匠铺，铁匠们在打铁时就会用到一种叫做"风箱"的工具。风箱可以将风吹入火炉，使得炉火更加旺盛。

　　只要有足够的氧气，火甚至可以使金属燃烧。或许大家会有这样的疑问，金属这么坚硬，也会燃烧吗？当然会，只要金

属与氧气的接触面积足够大，金属也一样可以燃烧。将很细的铁丝或是锡纸放在火上，大家就会看到它们燃烧时的情景了。

金属不容易燃烧的原因，就是因为组成金属的粒子间的距离非常紧密，空气不容易进入的缘故。但细铁丝和锡纸与空气的接触面非常广，所以就算金属内部的粒子间的距离很紧密，金属外部的空气也足以支持燃烧。

总之就是氧气越多越好。空气是由各种气体组成的，其中有五分之一是氧气。只要有足够的氧气供应，再微小的火焰都能够熊熊燃烧。这也正是让普利斯特莱在实验中大吃一惊的原因。

接下来我们就来做一个小实验，来证明氧气可以加剧燃烧的理论。

 制造氧气

准备物品

家用漂白剂（一种叫做次氯酸钠的白色粉末）、新鲜的土豆2~3个、塑料食品袋、橡皮筋、玻璃瓶、玻璃片、香、火柴、钢板。

实验步骤

1. 将土豆在钢板上切碎放进塑料食品袋。

2. 在塑料食品袋中放入与土豆等量的漂白剂。

3. 将塑料食品袋内的空气挤出，然后用橡皮筋将食品袋的入口扎起来。

4. 摇晃塑料食品袋，让土豆和漂白剂充分混合。

5．塑料食品袋放置2~3个小时，直到塑料食品袋鼓起（将塑料食品袋放入温度稍高的地方为佳）。

6．在塑料食品袋完全鼓起后，将袋内的气体收入玻璃瓶中。

7．为了不让玻璃瓶中的氧气溢出，用玻璃片将玻璃瓶盖住。

8．点燃一根香。

9．将这根香完全伸入玻璃瓶中，观察会发生的现象。

实验结果

原本缓慢燃烧的香会突然燃起明火，发出亮光和高热。

为什么会这样呢？

塑料食品袋中的土豆和漂白剂接触时就会产生氧气。将这些氧气放入玻璃瓶中，玻璃瓶中的氧气就比普通空气的氧气含量高出5倍。氧气是燃烧的必要条件，所以在比空气高出5倍的氧气环境中发生燃烧时，效果也就不言而喻了。所以点燃的香在遇到充分的氧气时自然就会剧烈燃烧。

现在大家总该相信氧气可以加剧燃烧的事实了吧？其实，火焰和人一样，氧气是我们活下去的必要条件。所以请大家记住，燃烧是离不开氧气的。

易燃物质

虽然氧气是燃烧的必要条件，但只是有氧气的话，燃烧同样不能进行。不管玻璃瓶中的氧气有多少，只要不把香或是其他的燃烧物放进去，火焰就不会产生。

要想发生燃烧，就必须要有可燃烧的物质。

将木片或是纸张点着后，就会发出明亮的火焰。就像大家需要吃东西才能补充生存能量一样，火也需要吃掉一些可以燃烧的物质才能够发生燃烧。如果没有可燃烧的物质，无论多大的火都会立刻熄灭。

物质中有一些非常易燃的物质。代表性的易燃物质就是在生火时经常用到的火绒。火绒非常易燃，只要有一点点火星就可以燃烧。以前，祖辈们最常用的火绒就是卷起来的

枯草叶。

在生火时，直接点燃树枝一类的柴火是很困难的。所以这个时候就需要先点燃火绒，火绒燃起火焰，才能使树枝更快地点燃。

在欧洲的一些国家，以前常用的火绒是一种叫做马蹄菇的植物。将马蹄菇从中间切开，就能得到一种类似蒲公英的果肉，这种果肉非常易燃。所以在生火时，先点燃马蹄菇的果肉，就可以快速地将柴火点燃。

那么，枯草叶和马蹄菇为什么易燃呢？这是因为这两种物质非常松软，它们的缝隙中充斥的空气非常充足。

只要有足够的空气，氧气自然也就充足，所以燃烧也就更容易些。

我们可以这样想，火焰的呼吸需要氧气，力量的补充就需要食物，也就是火绒。这两者同时存在也就能够产生火焰，并且将火焰的力量提升到最大的程度。

物质要想易燃，就必须做好与氧气相遇之前的准备。

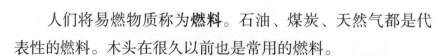

　　人们将易燃物质称为**燃料**。石油、煤炭、天然气都是代表性的燃料。木头在很久以前也是常用的燃料。

　　反之，也有一些物质是非易燃物。就像人类选择食物一样，有些东西能吃，有些东西不能吃。也就是说，不是世界上的任何物质都可以与氧气产生反应的。

　　类似石头和土等物质是不喜欢与氧气发生反应的。组成石头和土等物质的粒子间几乎没有缝隙，所以氧气也就无法进入，因此，燃烧也就不能在这些物质中进行。

　　这类物质如果不是遇到温度非常高的火焰，根本不会产生任何反应。就像一些不易消化的食物一样，一般人是不会吃那些东西的。

非易燃物不容易燃烧，对于火来说，根本没有任何用处。但对于人类来说却有着非常重要的作用。

比如，人们在建筑房屋时一般会选用石头、钢筋、石棉等不易燃烧的物质作为材料。这些物质的组成粒子之间几乎没有缝隙，所以氧气也就无法进入。

石棉具有非常好的防火隔热的特质，所以在过去的很长时间中，石棉一直作为一种重要的建筑材料。过去的消防员工作时穿的消防衣也是由石棉制成的。但由于石棉中散发出的粉尘对人体有害，所以现在的使用量很少。作为代替品出现的是一种新开发出的陶器纤维或是玻璃纤维。这种物质不但可以隔热，而且在1700℃的高温下都不会发生燃烧。

原来石头不会燃烧。

比燃点更高的温度

那么，物质燃烧需要的最后一个条件是什么呢？只是有氧气和可以燃烧的物质仍然不能发生燃烧。如果再加上我，是不是就能燃烧了呢？这个想法没错。但准确地来说，应该是物质燃烧的条件中除了氧气和可燃烧的物质之外，还需要能让物质燃烧的温度。火足可以让物质达到可以燃烧的温度，所以物质才会被火点燃。

像纸张和木头这样的物质虽然很容易燃烧，但却不能自动燃烧。不但需要充足的氧气，还需要足够高的温度。只有达到了特定的温度才会发生燃烧。物质刚开始燃烧时就叫做着火。着火时的温度就叫做燃点。

燃烧需要的最后一个条件就是着火时的温度，也就是燃点。

但是燃烧也不是一定需要像我这样的火花才行。在没有火花的情况下，也能发生燃烧。像是纸张和木头这样的易燃物不直接放在火上，只要放到温度足够高的地方也能够自然燃烧。所以说，燃烧所需要的并不一定是火花，而是特定的温度。

古人曾用一种叫做火石的岩石生火。火石在碰撞的瞬间会产生高温，火石上掉落的粉末因高温燃烧而产生火花。在火花熄灭之前，只要遇到火绒一类的易燃物就会着火。

　　钻木取火也是同样的道理，木棒在摩擦时产生的热量达到一定的温度后也会着火。

　　接下来，我们来做一个小实验，证实一下是否在没有明火的情况下也可以发生燃烧。

物质无明火燃烧试验

准备物品

放大镜、报纸、卫生纸、木筷子、火柴棍。

实验步骤

1. 在阳光强烈的天气里，在户外找到一块沙地。

2. 将报纸撕下手掌大的一块，放到沙地上。

3. 调试好角度，将阳光在透过放大镜，照射在报纸上聚

如果是小朋友做实验的话，一定要有大人的陪同哦～

集成一点。

　　4．持续将阳光聚集到报纸上，观察接下来会发生什么。

　　5．用同样的方法在卫生纸、木筷子、火柴棍上进行同样的实验。

实验结果

　　阳光聚集成的点持续照射到报纸上，当温度达到一定程度，报纸就会着火。不同的物质点燃的时间有所不同。报纸和卫生纸比火柴棍要先被点燃。木筷用的时间再长，也没有着火的可能。

为什么会这样呢？

　　阳光透过放大镜聚集在一起的点持续照射到报纸上时，报纸上的温度就会因为吸收太阳能而增高。报纸继续吸收太阳并能达到燃点时，再与空气中的氧气结合就会开始燃烧。在这个实验中，能被点燃而木筷不能点燃的原因就是报纸的燃点要比木筷子的燃点低。

各种物质的燃点

纸张的燃点约为230℃

火柴的燃点约为260℃

煤炭的燃点为330℃~450℃

木炭的燃点约为360℃

木头的燃点为400℃~470℃

酒精的燃点约为482℃

天然气的燃点约为525℃

怎么样？没有明火也一样可以引起燃烧，现在相信我说的了吧？大家刚才做的实验就是古人生火的方法之一。火石碰撞生火，钻木取火，用放大镜聚集阳光生火，都是利用提高物质的温度达到燃点来生火的方法。

利用充分的热能让物质的温度升高来引发燃烧。我们不得不说，人类真的是太厉害了。

但是，用这些方法来生火并不是很实用。人们出行时必须带着火石和火绒，而且生火用的时间也很长。所以人们开始寻找一种更简单的生火方法。最终，人们发明了利用摩擦力来生火的火柴。火柴是一种利用物质的不同燃点而出现的伟大发明。

燃点低的物质容易被点燃，燃点高的物质不容易被点燃。

火柴的材料就是红磷、木头、纸这些燃点只有几百度的物质，相对于其他物质来说，这些物质的燃点很低，很容易着火。但也有些燃点超过1000℃的物质，它们几乎不会着火。也许有人会问："几百度还算低吗？"哈哈，要想让物质燃烧，至少也得要几百度呢！

大家在生活中点火时用到的大多是低燃点的物质。比如打火机，只要轻轻地摩擦，就能产生火焰。

到现在为止，我们一共讲到了火燃烧的三个条件，那就是氧气、可燃物质和燃点。只有这三个条件同时具备，火焰才能燃烧。所以，我们将这三点称为**燃烧的三要素**，也就是生火时非常必要的三个条件。

世界上充满了空气，氧气非常充足，而且燃烧的燃料也很容易找到。但是，燃烧的三要素缺一不可。火如果想要出现在世界上，就必须达到比燃点还要高的温度。所以说，火想要生存下去，也不是一件容易的事。

事实上，人的呼吸与火的燃烧有着相似之处。人靠吃东西获取的营养成分只有通过与氧气结合才能转换为能量。人的呼吸与点燃烛火的唯一区别就是人的呼吸不会产生火苗。所以，科学家在广义上将呼吸归为燃烧反应的其中一种。

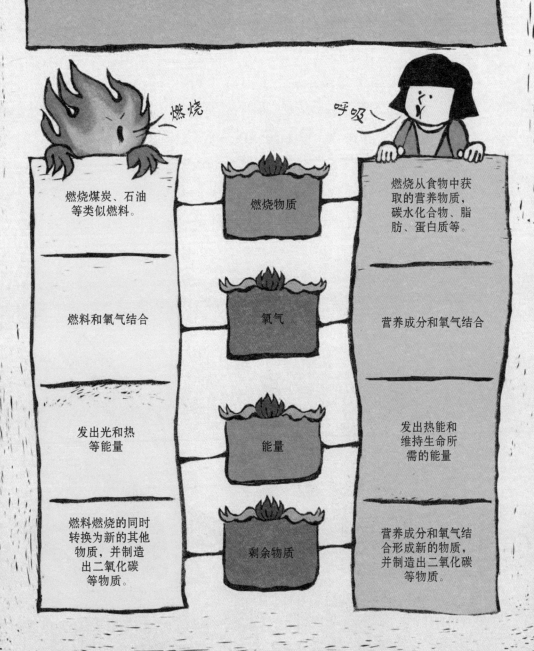

掌控火的方法

　　氧气、可燃物质、燃点，这燃烧的三要素不但可以帮助人们生火，也可以帮助人们灭火。

　　只要减少或者去除燃烧三要素中的任何一种，燃烧就会停止，火焰就会熄灭。接下来，就让我们去看看在发生火灾时，为了减少损失，人们使用的种种灭火方法吧！

　　在2009年8月26日，美国洛杉矶发生了声势浩大的森林大火。听到火讯后，消防战士们全副武装紧急赶往了火灾现场，展开了一场惊心动魄的灭火之战。人们在灭火时使用的最简单的方法就是喷水，也就是降低温度的灭火方法。大火

继续燃烧就必须保持数百度以上的温度，但在遭遇喷水之后，温度就会马上降低。而且水在转换为水蒸气时也可以吸收热量。所以在淋水之后，物质的温度就会降低到燃点以下，大火也就会被扑灭。

但有一点需要注意的是，不是任何火灾都能用喷水的方法来熄灭。如果是汽油着火，喷水是无法达到灭火目的的。汽油和水是不相容的，所以水无法覆盖到汽油上，也就无法达到灭火的目的。那么，这时该怎么办呢？请听我继续讲下去。

　　虽然消防战士们在努力朝着森林大火喷射水箭，但由于火势范围非常广，水箭喷射的范围有限。不能首尾兼顾，也就无法有效地扼制火势。

　　所以，消防战士们立刻启动了更强力的灭火方案。启动了灭火器和灭火直升机。灭火器在地上，灭火直升机在空中，朝着森林大火喷出大量的粉末物质和气体物质。火势在强大的地空两路攻势下才渐渐平缓。灭火器和灭火直升机中喷出的粉末物质和气体可以有效地隔绝氧气。燃烧三要素中的氧气被隔断，就可以达到终止燃烧的目的。

在火灾还没有扩大时，大家可以用衣服、被子或是沙子等物品盖在着火的物体上。火与氧气被隔断后，自然也就熄灭了，就像人呼吸不畅就无法生存一样。

消防战士们已经将大火扑灭了吗？还没有，让人们感到不妙的是当天的天气非常好。在晴朗的天气下，干燥的草和树木到处都是，而且微风还为大火源源不断地输送着氧气。所以森林大火变得越来越难控制了。

大火持续了长达一周的时间。大片的土地被焚毁，森林和村庄全部消失。森林大火的范围越来越广，消防战士们终于动用了最后的方法。

　　大家还记得燃烧三要素中的最后一个要素是什么吗？没错，就是可燃物质。消防战士们最后用的灭火方法就是去除可燃物质。

　　消防战士们在火势蔓延的相对方向点了一把火，两股火势逐渐靠近，并最终相遇。由于两边都没有可燃烧的物质，所以大火也就熄灭了。就像人没有了食物也会饿死是同一个道理。所以，2009年的洛杉矶大火就是这样落下了帷幕的。

　　看到被毁于一旦的森林了吗？这就是在比燃点还要高的温度中，燃料和氧气发生反应后产生的热能和光能造成的灾难。

合理地利用火焰就可以为人类造福，如果火焰一旦失控，对于人来说将是非常危险的。发生火灾时，火势蔓延的速度非常快。比如，在刚着火1分钟时，可能用一杯水就能灭火；在着火2分钟时，可能就需要两桶水来灭火；在着火3分钟时，可能就需要一吨水才能将火扑灭了。因此，我们在合理用火的同时也要谨记灭火防火的方法。所以一定要牢记燃烧的三要素，只要去除燃烧的三要素之一，无论是多么大的火，都会被立刻扑灭。

火燃烧时的模样

燃烧着的火焰就像是美丽的花朵。

仔细看去，尽管是一簇火焰，

也会有黄色、红色、蓝色等各种颜色。

那么，火为什么会有这样的形状和颜色呢？

火在燃烧时到底发生了什么呢？

火焰生成的过程

现在，大家看见那支美丽的烛光了吗？相信大家都会喜欢这样柔和并能驱走黑暗的火焰。看着那静静燃烧的烛火，总能让人陷入幸福的遐想。其实，我也想成为那照亮世界的美丽烛光！

到现在为止，我已经为大家介绍了火的本质以及火的燃烧需要的条件。接下来，我就为大家详细的描述一下火的模样，我想，大家一定很感兴趣吧。

如果想起燃烧，你心中会浮现出什么景象呢？也许大家会像我一样，想到烛光、篝火，还有那漫山的森林大火等各种各样的火焰。

蜡烛在燃烧时为什么需要一根火线呢？这是因为在火线上点火才能形成火苗，如果直接在蜡上点火，蜡只会熔化而不会被点燃。

蜡只有在变成气体形态时才能够燃烧。大部分的物质都有气体、液体和固体三种形态，根据温度的不同，物质的形态也有所不同。但是，无论是何种物体在固体或是液体状态时，内部的粒子都会离得很近，甚至紧紧靠在一起。而在气体状态时，内部的微粒则距离很远。

在物质的固体或是液体状态时，构成物质的粒子很难与空气中的氧气直接接触并结合。但物质在气体状态下，构成物质的粒子都是单独存在的，所以与空气中的氧气很容易接触并混合。大家都知道，物质燃烧就是物质与氧气结合后产生光和热的现象。所以，比起物质在固体和液体形态时，物质的气体形态更容易燃烧。

同样的道理，蜡在固体形态下是不会燃烧的。受到火苗的温度的炙烤时，固体的蜡就会熔化，熔化的蜡只有变成气体才能与空气中的氧气结合。

那么，在气体状态下燃烧的蜡跟在火线上点火有什么关系呢？蜡烛的火线可以帮助熔化的蜡转换为气体形态。火线是由很多根细线编织而成的，所以其中有很多的缝隙。正是因为有这些缝隙，熔化的蜡才能顺着火线移动到火苗中，熔化的蜡得到火苗的热量才能够转换为气体。这种气体燃烧后就形成了烛火。

可燃物质转换为气体后更容易燃烧。

烛光燃烧的过程

③火线顶端的气体蜡与空气中的氧气结合后开始燃烧。

①在蜡烛的火线上点火之后，火线就会变热。

②靠近火线的蜡就会熔化并转换为气体。

⑥火线末端的液体蜡持续转换为气体，并保持着烛火的持续燃烧。

⑤液体的蜡顺着火线的缝隙上升。

④由于火苗发出的热量，火线周围的蜡就会熔化为液体。

67

就连易燃的酒精和汽油都不会在液体状态下燃烧。而是像蜡烛一样，只有在转换为气体之后才能够燃烧并产生火焰。

表面上看起来酒精好像是可以在液体形态下燃烧，但其实，这种表象与酒精非常容易挥发的特性有关。液体酒精上面飘散着挥发后的气体酒精，所以大家看到的燃烧着的酒精其实是气体酒精燃烧发出的火焰。

而且不只是酒精这样的挥发性物质，就是木头或是纸张这些物质也是在转换为气体之后才能与氧气结合的。木头受热时内部的构成成分就会发生变化，构成木头的成分就会转换为气体脱离木头。也正是这些气体与氧气发生结合之后才能产生火焰。由于这个过程发生得非常迅速，大家用肉眼是无法观测到的。

有人可能不会相信木头中会放出气体，那我们就来做个小实验吧。将一双木筷用锡纸包起来放到烛火上加热。为了保证气体能够透出来，不要包得太紧，要留一个缝隙。在被包在锡纸中的木筷子加热后，大家就会发现锡纸的缝隙里会冒出一些白烟。这时，小朋友们可以小心地用点燃的火柴靠近白烟，就会发现白烟是可以燃烧的，而且发出的火焰跟

烛火一模一样。大家要记住，在做这个试验时，一定要有大人的陪同。

然而，有些物质在燃烧时也不一定会产生火焰。也有物质在燃烧时不发出火焰的情况。物质中转变为气体的燃料在与氧气充分接触时才会产生火焰，但氧气不足时只会发光，而不会产生火焰。木炭燃烧时就是这种情况。

木炭是木材烘烤后制成的，内部容易转换为气体的物质几乎不存在了。虽然木炭依然属于燃料，但却只能缓慢地燃烧而不能产生火焰。然而，木炭上有非常多的孔洞，木炭受热后，与孔洞中的氧气结合并开始燃烧。但是，由于孔洞非常小，进入的氧气有限，无法与充分的氧气结合。因而，木炭能长时间地发出光和热，但却不能产生火焰。归根究底，火焰只是气体燃料与氧气结合燃烧时的现象。

综上所述，我们能得出结论。物质燃烧和发出火焰的过程就是从物质转换为气体开始的。原本就是气体形态的物质非常容易接触到空气中的氧气，所以即使遇到很小的火花也能立即开始燃烧。而固体和液体形态下的物质则首先要有足够的热量转换为气体，然后才能与氧气结合并最终产生火焰。所以说，物质开始燃烧时的温度与使物体转换为气体的温度密不可分。

火焰的模样

　　人们总是说摇曳的火焰就像是含苞欲放的花蕾。蜡烛火线底部的火焰又宽又圆，越往上越细越尖。那么，火焰为什么会呈现出这样的形状呢？世界上任何事物的存在都是必然的，都有它们存在的理由。

　　火焰的形状是对流造成的。受热后的空气或是水上升，冷空气或是水下降，如此循环，将热量均匀扩散的现象就叫做**对流**。

　　那么，烛火的周围是否存在着对流现象呢？让我们来确认一下吧。将手掌靠近烛火试试看，手掌是靠近烛火侧面或下侧

大家要记住，手掌不要距离烛火太近，否则可能被烫伤。

时感到的温度高呢？还是手掌靠近烛火顶部时的温度高呢？

　　尝试过之后，大家就会感觉到将手掌放到烛火顶部时，手掌感觉最热。这就是热空气上升的缘故。烛火在燃烧的过程中，会使周边的空气受热，空气受热后变轻就会上升，从而开始对流。

　　因为对流现象，蜡烛的火线部分就会受到冷空气的挤压，转化为气体的蜡烛成分与冷空气中的氧气结合就能发出光和热。这就是烛火的形成过程。

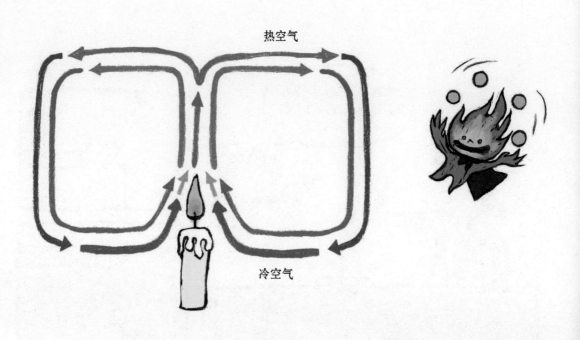

热空气

冷空气

在烛火燃烧的过程中，蜡烛火线部位的冷空受热就会上升，上层的冷空气受到挤压就会下降到蜡烛火线的部位。冷空气受热会再次上升，如此循环就会形成空气流动。这也就是烛火为什么会像花蕾形状的原因。

火焰燃烧的方向是永远朝向天空的，不管从任何方位观察都是如此。这也正是因为对流现象，火焰才会顺着上升的热空气向上飘动，所以说，火焰看起来永远是向上涌动的。

对流引起的空气流动造就了火焰的形状。

假如没有对流现象，火焰的形态会是什么样的呢？

对流现象的根本原因是因为地球引力的存在。地球对质量高的物质有较强的吸引力，对质量低的物质吸引力相对较弱。受热后的空气变轻，受到的地球引力也就变弱，所以就会上升。冷空气或是冷却后的空气变重，受到的地球引力增强，所以就会下降。这样就使得火焰的形状像花蕾一样。

但是，与地球表面不同的是，在太空中的宇宙飞船或人造卫星呈一种失重状态，在这种状态下点燃蜡烛，烛火的形状就会呈球形。

因为失重，烛火周围的空气即使受热也不会上升，而是停留在原地，空气也就不会流动，所以，烛火就会呈球形存在的。

怎么样，大家是不是感觉很神奇呢？

　　在失重状态下，不仅是烛火的形状发生变化，烛火燃烧的时间也会缩短。在地球上，蜡烛会一直燃烧，直到蜡烛燃尽才会熄灭。这是因为火线处的空气中富含氧气，而且周围的空气因为对流现象，还在不断地为烛火的燃烧提供氧气。但是，在失重的状态下，空气不会流动，烛火周围的氧气耗尽后也就不会得到补充，所以烛火燃烧的时间就会很短。因此，地球才是火的乐园。

火的温度和颜色

　　火焰形状的秘密已经被我们解开了。接下来，就让我们聊一聊火焰的颜色。让我们来近距离地观察一下烛火，看看烛火是什么颜色的？

　　因为烛火的颜色并不只有一种，所以描述起来也不简单。火焰的颜色在不断地发生着变化，近距离观察烛火时，我们就会发现烛火的确不是一种颜色，而是由好几种颜色层构成的。

　　烛火大致可以分为外焰、内焰和焰心三个部分。烛火最外部的火焰称为**外焰**，呈肉眼看不到的蓝色。外焰内部是一个发出橙色光或是红色光的部分，这就是**内焰**。内焰的内部则是颜色接近透明的**焰心**。

　　那么，烛火为什么会分为这几层颜色呢？

　　那是因为不同部分的烛火温度不同的缘故。虽然烛火的温度很难准确测定，但通过实验可以简单地得出烛火各个部分的温度差异。

　　准备三根相同的筷子，将三根筷子分别伸入烛火的外焰、内焰和焰心三个部分。过一会儿，我们就会发现，三根筷子的燃烧程度不同。

伸入外焰部分的筷子

伸入内焰部分的筷子

伸入焰心部分的筷子

做这项实验也要注意，筷子长时间放到烛火上就会被点燃，在筷子被点燃之前要远离烛火。

　　通过实验我们发现，伸入外焰的筷子被烧黑；伸入内焰的筷子被烧黑得很浅；伸入焰心的筷子几乎没有被烧黑。温度越高的部分将筷子烧得越黑，因此，我们就能比较出烛火各个部分的温度差异了。

　　外焰直接与空气接触，氧气供给充足。所以气体形态的蜡与氧气的结合最为充分，气体形态的蜡粒子能够完全燃烧，发

外焰
外焰温度最高，可达1400℃。发出肉眼看不到的蓝色光。

内焰
内焰温度比外焰温度低，可达1200℃，但光芒最亮。发出橙色光或是红色光。

焰心
温度最低，可达400℃~900℃，光芒最暗。

出的光和热最多，温度也就最高。

内焰处于外焰内部，氧气供给不足，所以就会出现一些不能与氧气结合的气体形态的蜡粒子。这些残余的气体形态的蜡粒子受热后就会发出橙黄色的光。

焰心是最缺少氧气的，这里也是气体形态的蜡粒子产生的部分，由于大量的蜡粒子无法与氧气结合，也就无法完全燃烧，所以温度也是最低的。

火的温度是由颜色决定的。

烛火和煤气火的颜色是不同的，那么，它们的温度也不相同吗？没错！煤气火因为比烛火的温度要高，所以我们看到的是蓝色光。火的温度越高，颜色也就越蓝。

那么，煤气灶上的火为什么比烛火的温度高呢？

我们仔细观察煤气灶，就会发现上面有很多供煤气冒出的小孔。这些小孔不只是作为煤气冒出之用，而且还可以供给氧气。煤气和氧气充分结合就能达到充分燃烧，所以温度也就越高。

如果大家一不小心将水泼在了煤气灶上，煤气灶温度降低时，煤气火就会像烛火一样发出橙黄色的光。还有，在煤气灶上的小孔被堵住时，也会出现类似的情况。

物质与氧气结合时会发出光和热，不同的物质与氧气发生反应就会发出的不同光和热。

更有趣的是，所有的物质即使不与氧气发生反应，也会发光。虽然有些不可思议，但有些物体的确可以发光。人体甚至也可以发光呢！但是在温度低时，物体发出的光是用肉眼无法看到的。

有热量存在的地方就会发光。

铁在加热时虽然不会产生火焰，但根据温度的不同也会发出不同颜色的光。在刚开始加热时，铁不会发出任何光。在渐渐加热到500℃时，铁就会变成暗红色。在达到800℃时，铁就会发出红光。再持续加热，铁就会发出橙色与蓝色的混合光。如果将铁继续加热，达到1400℃时，铁就会发出由各种颜色混合而成的白色光。

物质随着温度的不同而发出不同颜色光的理论，同样适用于夜空中的星星。所有的星星根据自身温度的不同就会发出不同颜色的光。人们通过观察星体的颜色来判断星体上的温度。虽然用肉眼看到的星星都发着白光，但通过天文望远镜仔细观察的话，就会发现不同的星体发出的是各种各样的光。

　　温度越低，发出的光偏红；温度越高，发出的光偏蓝。所以说，即使是同样的火焰，随着温度的改变，发出的光的颜色也会不同。

　　每逢过节，大家都会看到五颜六色的烟花，那么，烟花也是利用这个原理制作的吗？

　　其实，夜空中的美丽烟花能发出各种各样的光的秘密并不是温度的变化，而是烟花中加入了各种各样的金属。不同的金属在与氧气结合时会发出不同颜色的光，而且每一种金属都能发出自己特有的光。比如制作电线用的铜可以发出碧绿色的光，制作电池用的锂可以发出红色的光。

　　因而，决定火焰颜色的因素不只是温度。不同的物质在与氧气结合时也会发出不同颜色的光，而且，氧气的充足与否也会使火焰发出不同颜色的光。

起火之后

蜡烛已经燃烧了一半了。烛火燃烧的同时，固体蜡就会变成液体形态的蜡，液体形态的蜡顺着火线上升，受热后转换为气体形态的蜡，气体形态的蜡与氧气结合后，就形成了烛火。

所以，在烛火燃烧的同时，蜡烛也就会越来越短。但是，燃烧的蜡烛是完全消失了吗？物质燃烧后好像是在完全消失，但其实并不是这样的。虽然用肉眼无法看到，但物质只是转换成了另一种形态扩散到空气中。

木头、酒精、煤炭、石油等都是人们常用的燃料。这些可燃物质中大部分都存在着碳元素和氢元素，蜡烛也是如此。因而，蜡烛在燃烧的同时，与氧气结合就会产生新的物质，也就是水和二氧化碳。氧气和氢元素结合产生水，氧气和碳元素结合产生二氧化碳。

类似天然气这样的气体燃料在很小的热量下就能与氧气结合，在完全燃烧后就产生了肉眼看不到的二氧化碳和水。

类似蜡烛这样不容易转化为气体的物质是很难产生火焰的，而且不完全燃烧的情况非常普遍。物质在不完全燃烧时

也会产生很多有害气体。

同样是燃料，也有一些物质燃烧后不会产生水和二氧化碳。比如像金属这样不存在碳元素和氢元素的物质。举例来说，铁和氧气结合后并不会产生水和二氧化碳，而是产生一种叫做氧化铁的新物质。由于氧化铁是固体，无法扩散到空气中，只能作为灰烬留在燃烧的原地。

易燃物质在燃烧后，大部分会转换为气体扩散到空气中，只会留下一小部分灰烬。但像金属这样的物质，由于无法转化为气体扩散到空气中，所以会留下大部分的灰烬。

很多的物质燃烧后都有一个共同点，那就是物质的大部分会在燃烧中变成气体，只留下比原来的物质更少的灰烬。因此，火就成为了人们处理垃圾的重要工具。大量的垃圾在被火焚烧后，体积会大幅度缩减，只留下小部分的灰烬，这也就达到了垃圾处理的目的。

火的职责

火可以帮助人们完成生活中的各种各样的活动。

比如，烧制陶器、制造金属物品、支撑汽车启动、推动火箭升空等。

而且，如果没有火的存在，美丽的烟花也就无法渲染天空。

接下来，就让我们去了解一下火到底肩负着哪些职责吧！

烧制陶器

在人类历史上，人类与火携手走来。掌控了火的力量后，人类在寒冬降临之际就再也不必长途迁徙，在原地就能很好地生存。

人类在形成族群后，人口大量增长。对于食物的需求也越来越多，所以农耕时代来临。农耕所需要的耕地就需要火来开辟。因为火可以帮助人们烧掉杂草，开辟出大片的农田供人类耕种。

进入农耕时代后，世界发生了翻天覆地的变化。在此之前，人们一直靠打猎和采集果实生存。在种植了农作物后，对于储存农作物的容器的需求也越来越迫切。所以人们制作出了各种陶器容器，用来储存和烹制粮食。但陶器容器烧制的主要工作还是由火来完成的。

人们利用火来烧制陶器的技术是无意间被发明的。毋庸置疑，世界上大部分的发明和发现都是在某些偶然间开始的。

在古代，人们发现篝火附近的土壤会变得坚硬。所以人们尝试着在地上挖一个坑，并在坑中抹上粘土，然后在坑中点火烧制。人们在将火熄灭后，粘土就会变得非常坚硬。至此，最初的陶器就诞生了。

尽管没有火的帮忙，粘土一样也可以制成器皿。用粘土捏成器皿的形状，然后放到阳光下暴晒，就可以形成土制器皿。但是，这种器皿非常容易破碎，而且在注入水后就会出现漏洞。只有将土制的器皿放到火中烧制，才能成为坚硬的陶器。

火发出的热量可以蒸发土制器皿中的水分，并使一部分土熔化后紧紧地粘合在一起。因此就制成了坚硬结实的陶器。

人们开始烧制和使用陶器距今已经过去了8000多年。当时的人们只是在土地上烧制陶瓷，所以无论火有多旺盛，都无法突破600℃的温度。像这样在600℃~800℃的温度下烧制成的器皿就叫做陶器。

由于烧制陶器的温度达不到理想的温度，所以土不能被完全熔化。陶器上就会留下一些微小的空洞，因此，在盛水时会有漏水的缺点。

因此，在人们的不断努力下，终于烧制成了比陶器更高水准的器皿，也就是瓷器。

烧制粘土的温度越高，器皿就会越坚硬，品质也就越好。火的温度决定着器皿的种类。

人们在发明了窑之后，就能在1000℃左右的环境下烧制器皿了。在窑中，由于火的热量无法被扩散，所以温度就会比在空地上更高。

在窑中，1100℃的高温下烧制出的器皿就叫做瓷器。由于瓷器烧制的温度更高，所以土就会更高程度的熔化，烧制成的器皿表面就不会留下孔洞。在盛水时也就不会漏水，而且坚硬程度也可以与金属媲美。

为了让瓷器更加结实，人们还会在瓷器烧制前涂上一层釉质。在家中的卫生间里，墙壁上的瓷砖和马桶，全都是瓷器。

　　用土烧制的器皿中最高质量的作品就是瓷器。瓷器又被称作陶瓷，由于是在高温中烧制的，所以质地非常坚硬。

在不涂釉质前，瓷器的颜色很单一。但涂上了一层釉质后，就可以烧制出各种颜色的瓷器了。

瓷器是先用优质的粘土做出模型，在900℃~1000℃的高温下进行第一次烧制。然后在烧制出的器皿上画上图画或是纹路，再涂上釉质，然后在1300℃以上的高温中进行第二次烧制。如此一来，姿态万千的美丽瓷器就诞生了。

如今，人们不只是将陶瓷技术应用在器皿的烧制上。为了一些特殊的目的，人们还会利用一些更为先进的技术烧制一些陶瓷。这些陶瓷就叫做精密陶瓷。因为精密陶瓷有着非常好的物理、化学性能，比如耐热性，所以多用于火箭、宇宙飞船、宇宙探测器的材料。而且不仅如此，在医学上的人工骨骼也会用到陶瓷。

怎么样？从简单的器皿烧制到宇宙飞船的材料烧制，都离不开火。小朋友们现在是不是觉得火很厉害呢？

熔化金属的火

　　火不仅能帮助人们烧制瓷器，还可以在金属冶炼方面发挥非常重要的作用。人们利用现在已经掌控的用火技术可以将金属做成各种各样的工具。

　　人类开始使用金属距今大概有1万年了。因为金属大部分都是混合在石头中，为了获取金属，人们就需要火的力量。火可以将石头中的金属熔化，并制作出人们想要的形状。

　　人们最初发现的金属就是比其他金属更容易熔化的金、银、铜之类的金属。但是，这些金属的产量非常少，无法被普遍使用，人们便将大部分用来打造装饰品。

　　人类正式开始使用金属是在发现青铜之后。青铜是距今

6000年前，美索不达米亚文明时期最早发现的。青铜也是那时的人们无意间发现的。就在某一天，铜剑与沙子一同熔化后，发生了任何人都无法预测到的事情。铜剑与沙子中含有的锡金属混合后形成具有新性质的金属，这就是青铜。当时，人们为了制作物品，熟练地掌握了铜的冶炼技术。

青铜比铜要更加坚硬，所以多用做武器材料。现在，大家在博物馆中就可以看到青铜剑和各种青铜器皿。也正是因为青铜的出现，开启了一个新的时代。人们用青铜制作的武器开始了战争，强大的部落建立起了国家。因为这个时代充斥着各种各样的青铜器，所以被人们称为**青铜器时代**。

但是，青铜只是作为位高权重的人才能使用的武器材料，因为制作青铜要用到昂贵的铜，所以也就无法被大量使用。

因此，人们又发现了铁。铁从古至今，一直是人们使用最多的金属。因为地球上铁的含量非常丰富，所以铁的使用自然就会更广泛，而且，铁要比青铜坚硬得多。

但是，要想将铁熔化，必须要达到1538℃的高温，比烧制瓷器需要更高的温度。

要想掌控铁，就必须更好地掌控火。

所以，铁器的使用至今只有4000多年。在刚使用铁器时，就标志着人类从青铜器时代步入了**铁器时代**。铁在一开

始也是主要作为武器材料出现的。但是由于铁在地球上的含量非常丰富，所以又在农耕工具中投入使用。至今为止，铁依然作为各种工具和机器的主要制作材料。

要想将铁熔化并制作成各种想要的模样，就需要熔炉。熔炉与烧制瓷器的窑是同样的道理，熔炉是一种能够在高温下熔化铁的窑。时过境迁，人们的冶铁技术和熔炉也在渐渐发展。在铁制作的机械被普遍使用时，工业革命也就悄悄地来临了。

人们往往都是借用火的力量发展到一个新的高度。历史上的每一个重要的时刻都存在着火的身影。也可以说，只要有火存在的地方，就存在着发展和变化。

爆炸中的火

　　烧制陶瓷和冶炼金属只是用到了火的很小一部分力量。我们还具有更强大力量，大家可能很难想象得到。

　　人们在1700年前就已经认识到了爆炸的威力，并利用火焰爆炸的特性制造出了炸药。爆炸是发生快速、猛烈的燃烧反应。爆炸中，火的力量令人难以想象。下面就是一起有关爆炸的恐怖威力的历史事件。

1977年11月11日，韩国全罗北道的宜山站停着一辆火车。到了晚上，火车护送员进入了火车的一节车厢。护送员担负着将货物安全送往目的地的责任。这位护送员在车厢中的一个纸箱上点燃了一支蜡烛，然后就进入了梦乡。

哎呀，太黑了。点根蜡烛吧。

不久后，护送员被高温烤醒，发现纸箱已经着火了。

一小部分人为了扑灭装有炸药车厢的大火做出了最大的努力。但大部分人一听到装炸药的车厢着火了，就马上逃走了。就在不久后，火车发生了剧烈的爆炸。

装有炸药的火车车厢爆炸后，整个火车站都被炸飞，附近的房屋也被炸成了碎片。以火车站为中心的500米以内的所有建筑几乎全部被炸毁。发生爆炸的中心点出现了直径30米、深10米的巨大深坑，超过1000人死于那场灾难。这样重大的事故是不是很可怕呢？

那么，爆炸后为什么会对周围产生如此剧烈的影响呢？那是因为爆炸时会产生大量快速运动的气体。

爆炸发生时，大量的气体会伴随着燃烧而产生。

这些气体因为高温会高速地膨胀。气体膨胀时产生的力量会将周围大部分的建筑摧毁，一切障碍物都会被炸飞。

爆炸物就是按照这样的原理制作出来的。那么，想要发生快速燃烧，需要什么呢？没错！就是大量的氧气，并且快速地供应。

所以说，在炸药或是火箭燃料中都装有液态或是固态的氧气。燃烧发生时只要加入足够的氧气，燃烧就会更加活泼，并最终引发爆炸。

还有一种氧气引起的自然爆炸，那就是氧气与大面积的粉末物质相遇时产生的爆炸。

十九世纪末，煤矿中经常发生这种爆炸。煤炭本来就是易燃的燃料，煤矿附近的空气中飘荡着大量的煤炭粉末。煤炭粉末与氧气接触的面积也非常广，如果在这时发生燃烧的话，就会很容易产生爆炸。所以，矿工们在漆黑的矿井中点燃明火时，很可能会引起剧烈的粉末爆炸。

其实，不仅是煤炭粉末，就连面粉也可以引起爆炸。特别是面粉颗粒极其微小时，非常容易引起爆炸事故。面粉在空气中飘荡的面积越广，面粉与氧气的接触面积也就越广，因此，在燃烧时就会引起爆炸。

四面八方的空气因为面粉引起的粉末爆炸，体积就会剧烈膨胀，从而产生摧毁周围建筑的恐怖力量。

但是，人类的智慧是无穷的。虽然爆炸产生的力量非常恐怖，但依旧能够被人类所利用。

比如说，火箭升空时就是利用了爆炸的力量。火箭要想脱离地球引力而进入太空，就需要非常强大的力量。为了获得这种力量，人们在火箭中建造了氧气室，在氧气室中发生爆炸后，就会有巨量的气体喷射而出。火箭就是靠着尾部喷出的气体产生的反推力，脱离地球从而进入太空的。

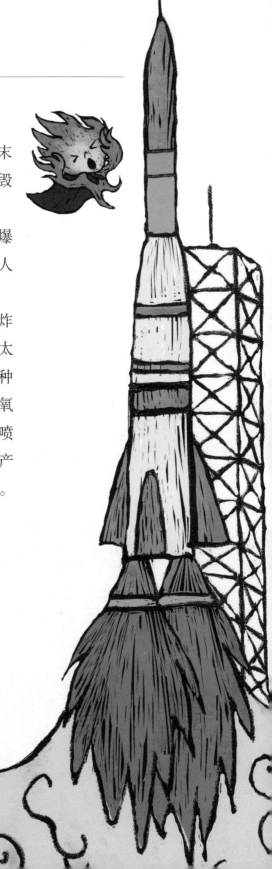

要想获得发射火箭的力量，必须一次性地燃烧大量的燃料。所以，在火箭发射时，就会在火箭尾部看到巨大的火焰。这个过程就是大量的气体从尾部高速喷射出来的过程。

　　所以说，爆炸也不只是有危险的一面。虽然威力巨大的爆炸让人们感到畏惧，同时，爆炸为人们带来的贡献也是不可估量的。

　　火药是由中国人发明的，在最初被用来制作烟花爆

竹。烟花爆竹在古代主要是用来庆祝节日或是驱赶鬼神。爆竹发出的噼里啪啦的声音可以为人们带来喜庆，美丽的烟花飘荡在空中也会为人们带来欢乐。即使在现代，美丽的烟花已经被用在世界各国的重大庆典上。

爆炸的威力很恐怖，但放出的能量也很可观，所以一样可以被人类所利用。

虽然火经常闯祸惹事，看起来很危险，但人们只要能掌控火的力量，灾难自然就可以化作福音了。

制造能源的火

　　人们用的所有的能量中，有四分之三是由火制造的。能量就是支撑物体运动的力量。也可以说，能量就是一切运动的力量之源。

　　火可以制造光能和热能。古人只会用火来照亮黑暗，或是烹制食物。现在的人们可以利用火温暖室内，支撑各种家用电器的运作，还可以支撑工厂的运行，在汽车和飞机运动中所用的能源，也都是由人们利用火来制造的。

　　简单来说，利用火可以让机器运行。

水蒸气拥有的力量可以将锅盖掀起来。

人们利用火产生的热能来支撑机器运动的方法有两种。

第一种就是利用火的热能将水煮沸，煮沸后的水就会产生水蒸气，用水蒸气的力量支撑机器的运行。这种方法就是在蒸汽机发明后开始使用的。正是因为蒸汽机的出现，机器便代替人力工作，更多的人才能解放出来从事更复杂和更专业的劳动，社会发展。

现在，蒸汽机已经被淘汰了，渐渐淡出了人们的视野。但是，这个方法仍然在被人们使用。火力发电就是用燃料燃烧发出的热能将水煮沸后，产生的水蒸气来推动火力发电装置的运行，并发出电能。

人们用来支撑机器运动的第二个方法就是爆炸。人们在19世纪末发明了内燃机。**内燃机**并不是靠水蒸气来支撑运作的，而是利用石油或是天然气燃烧时产生的热量直接支撑机器运作的装置。

内燃机可以作为汽车引擎使用。燃料和空气适量混合后，用电火花引起的燃料爆炸。在爆炸的瞬间就会产生大量的气体，并开始膨胀。汽车就是运用这种力量运行的。

不管是蒸汽机还是内燃机所用的能量，大部分还是由化石燃料燃烧产生的。所用的化石燃料都是非常易燃的。

　　那么，什么是化石燃料呢？化石燃料就是像恐龙这样生存在数亿年前的动植物死后，埋入地底变成化石的过程中形成的燃料。比如，煤炭、石油、天然气等，都是重要的化石燃料。

　　在一开始，人们大量使用化石燃料中的煤炭。但是，煤炭的燃烧会产生很多有害物质，而且煤矿的安全性也令人担忧。所以人们便开始寻找新的化石燃料。渐渐地，石油和天

然气被大量投入使用。

　　石油和天然气比煤炭的使用更加便利，但是，这些物质的燃烧同样可以释放出大量像二氧化碳这样的大气污染物，对大气环境会产生非常糟糕的影响。而且，这些燃料的储量是固定的，总会有枯竭的一天。

　　因此，人们开始对一些污染程度低，而又能持续使用的新能源产生了兴趣。比如，水能、原子能、太阳能、风能、地热能等。这么说，火是要退出历史的舞台了吗？这真是一个令人

失落的消息。

人们尽管已经找到了很多新能源，但有效地利用这些能源也不是件容易的事。要想利用水能或是原子能，就必须建立起巨大的发电站。要想利用太阳能或是风能，就必须开发、制造出更有效率的利用太阳能或是风能的装置。

因此，人们想到了燃烧可以利用的除了化石燃料之外的其他燃料，所以说，人们还是需要火的力量。

在人们感兴趣的燃料中，最具有代表性的就是生物能源。生物能源就是所有能够利用能量的生物体。树木就是生物能源中的一种，与化石燃料不同的是，树木是可以再生的。

现在，人们关心的生物能源是家畜的排泄物和食物垃圾。人们发现，将这些垃圾混合时，就会产生一氧化碳和氢气。显然，这些气体都是非常易燃的燃料。所以，人们就将这些气体聚集起来作为燃料使用。而且，在焚烧垃圾时产生的热量也可以用来发电。

但是，无论怎样，为了地球的环境，火的力量还是用的越少越好。虽然从古至今，人们一直在寻找各种利用火产生能量的方法，但每一种方法都会放出大量的二氧化碳和有害气体物质。

　　人们在制造能量的过程中放出的大量二氧化碳，让地球越来越温暖，并因此带来了一系列的气象变化。世界各地的洪水、台风等灾害变得越来越频繁。人类的发展前景也越来越使人堪忧。

　　但我相信，人们一定会找出一条更好的未来生存之路。现在，大家只要好好地理解，并合理地利用火的力量，也许同样能改变整个时代的命运哦！

结束语

　　小朋友们，与我一起畅游了火花的世界，大家感觉如何？

　　现在，大家是不是已经明白了火的本质，以及该如何掌控火的力量了呢？

　　我们虽然对人类的发展给与了强有力的帮助，

　　但也有失控的时候，所以在用火时，要时刻小心谨慎。

　　不过，大家已经了解了这么多有关火的知识，所以不用太过担心火带来的危害。

　　在以后，当小朋友们见到熊熊燃烧的火焰时，请不要忘记我这个朋友啊！

　　好了，时间到了，我要变回百变博士了！

大家再见！

拉瓦锡（1743~1794）

法国化学家，揭晓了氧气的本质，是第一个使用"氧气"这个名字的人。拉瓦锡对氧气进行深入的研究。他发现燃烧时增加的质量恰好是氧气减少的质量。以前认为可燃物燃烧时吸收了一部分空气，实际上是吸收了氧气，与氧气结合，这就彻底推翻了燃素说的燃烧学说。

燃点

物质的燃点是指将物质在空气中加热时，开始并继续燃烧的最低温度。想要让物质燃烧，就必须达到比该物质燃点更高的温度。不同的物质，燃点也不同。燃点低的物质很容易着火，燃点高的物质则不容易着火。

灭火

只要燃烧三要素中任何一个要素消失或是中断，燃烧就会立刻停止。所以，灭火有除去可燃物质、隔绝氧气、降低温度三种方法。着火时喷水可以降低温度，用沙土盖住火源可以隔绝氧气，在着火的相对方向点火可以除去可燃物质。

能量

物质燃烧时会发出光能和热能。能量就是使物体运动的能力。能量有各种各样的形态，比如燃料或是食物中储存的化学能量，高处物体具有的位置能量，还有热能、光能、电能、磁力能等。

燃料

木头、石油、煤炭、天然气等可燃物质叫做燃料。燃料的形态可以分为像木头、木炭、煤炭这样的固体燃料，石油、酒精是液体燃料，天然气是气体燃料。人们靠燃烧燃料来获取能量。

燃烧

燃烧就是物质与氧气结合发出光能和热能的现象。燃烧过程中产生的光和热就叫做"火"。物质燃烧必须具备可燃物质、氧气、比燃点更高的温度。这三个条件被称为"燃烧三要素"。

燃素说

德国化学家斯塔尔（1660~1734）主张的"物质燃烧的过程就是物质中的燃素脱离物质返回到空气中的过程"的理论。他认为燃烧的物质，也就是燃料就是灰烬和燃素结合后的产物。通过燃烧的过程，燃素脱离物质产生光和热，留下灰烬。脱离物质进入空气中的燃素被植物吸收，重新变为燃料。在此之前，人们一直认为火是物质，斯塔尔首次提出火是现象的观点。

利用火探索科学问题

火是我们周围随处可见的现象，由于在我们生活中经常用到，所以会感到非常熟悉。但是，在很久以前，火一直是人类畏惧的东西，当时的人们并不知道火是什么、火是如何形成的，以及该如何灭火。

火一直伴随着人类文明生息发展。但是，人类对火的本质了解的时间还不足230年。这足以证明了解火的本质是多么的困难。本书对火之世界的一切做了详细、有趣的解释。

自然界存在的事物或是自然现象在最初都是一个个的谜团，对自然界的探索也正是从人心底的好奇心开始的。本书通过说明、实验、论证等方法，相信可以充分满足大家对知识的好奇心。

很多人都认为科学方面的知识是非常难且又无趣的。特别是像火这样的主题更显得枯燥乏味。但其实，本书并没有用学生们讨厌的方式来叙述知识，而是用学生最容易接受的方式将知识传达出来。

科学丛书不只是对自然事物和现象的了解途径，更能培养人们对科学好奇的态度。看完这本书的小读者们一定会对身边发生的各种现象更加感兴趣，而且还会对未来的生活有着很大的帮助。

图书在版编目（CIP）数据

火：毁灭和创造的力量 / (韩) 成惠淑著；虫子男
爵译. — 合肥：安徽教育出版社, 2012.11
（百变博士趣味科学全书；10）
ISBN 978-7-5336-7010-8

Ⅰ.①火… Ⅱ.①成… ②虫… Ⅲ.①火—少儿读物
Ⅳ.①O643.2-49

中国版本图书馆CIP数据核字(2012)第267526号

Hot! Hot! Flames of Fire

Text © SEONG Hye-suk, 2011

Illustration © ZOO Soon-jyo, 2011

All rights reserved.

This Simplified Chinese edition was published by Arcadia Culture Communication Co., Ltd. in 2012 by arrangement with Woongjin Think
Big Co., Ltd., KOREA

through Eric Yang Agency

著作版权合同登记号：皖图字第12121158

书　　名：火：毁灭和创造的力量　　　　　　　　　作者：(韩) 成惠淑
　　　　　　　　　　　　　　　　　　　　　　　　　译者：虫子男爵

出版人：朱智润　　　选题策划：阿卡狄亚　　　策划编辑：刘　华
项目统筹：鲁金良　　责任编辑：张　浩　　　　封面设计：刘　洋

出版发行：时代出版传媒股份有限公司 http://www.press-mart.com
　　　　　安徽教育出版社 http://www.ahep.com.cn
　　　　　（合肥市繁华大道西路398号，邮编230601）
　　　　　营销部电话：（0551）3683010,3683011,3683015
印　　刷：小森印刷（北京）有限公司　电话：（010）80215076
　　　　　（如发现印装质量问题，影响阅读，请与印刷厂商联系调换）

开　　本：787mm×1092mm　1/16　　印　张：7.25　　　字　数：49千字
版　　次：2012年12月第1版　　　2012年12月第1次印刷

ISBN 978-7-5336-7010-8　　　　　　　　　　　　　定　价：22.00元